Klaus Wagener

Floral Design.

Klaus Wagener

Floral Design.

DUMONT

Klaus Wagener

Als einer der am vielseitigsten arbeitenden Floristen kann Klaus Wagener zu recht bezeichnet werden. Wie kaum ein anderer Floraldesigner auf nationaler und internationaler Ebene, hat er sich vor allem durch seine unvergleichliche Fähigkeit, entsprechend einem gesteckten Rahmen oder einem vorgegebenen Zeitstil zu gestalten, einen Namen gemacht. Sich einzudenken und einzufinden in andere Kulturkreise, andere Formensprachen oder Lebensgefühle – das ist sein herausragendes Können. Zeugnis hiervon gibt auch dieses Buch. Orientiert an einer klaren Struktur von Zeitstilen, erzählt Klaus Wagener stimmungsvoll und mit viel Gespür für Details in einer blumigen Sprache. Es entstehen Inspirationen, Visionen und Bilder von einer floralen Welt. Ob romantisch, klassisch oder avantgardistisch, er beherrscht alle Spielarten floralen Designs. Und in allem steckt er selbst. Die Vielgestaltigkeit der Ausdrucksweisen ist sein ganz persönlicher Stil, das sensible, zeitgeistorientierte Gestalten mit Blumen und Pflanzen seine Passion.

Darin mag auch das Geheimnis seines Erfolges liegen, der sich bereits in jungen Jahren einstellte. Nach einer soliden floristischen Ausbildung, gewappnet mit viel praktischer Erfahrung aus dem eigenen elterlichen Blumengeschäft und viel Enthusiasmus in der Zeit der Meisterqualifikation, errang er den Weltmeistertitel. Zwar hatte er bereits die Wettkampfluft bei nationalen Leistungsausscheidungen schnuppern dürfen. Auch war ihm der Gewinn der Deutschen Meisterschaft "Goldene Rose" 1984 mit 26 Jahren und damit die Qualifikation für den internationalen Vergleich ein Vorbote dessen, was nun kommen sollte. Dennoch hatte er kaum daran geglaubt, diesen höchsten Titel im floristischen Bereich tatsächlich erringen zu können. Sicher gilt in dieser Phase seinem Berater und Partner innerhalb des Weltcup-Teams Gert Mertens gebührenden Dank. Seine langjährigen Erfahrungen und die kameradschaftliche Begleitung auf internationalem Parkett waren ein Teil des unverhofften, aber verdienten Sieges von Klaus Wagener.

Gleichzeitig markierte der World Cup-Sieg in Detroit/ USA auch den beruflichen Wendepunkt von Klaus Wagener. Von nun an war er ein vielgefragter Referent und bekannter Lehrer. Sein sympathisches Auftreten, seine charmante Art und sein natürliches Verhalten, das nie die eigene Person in den Mittelpunkt stellt, machten ihm viele Floristenfreunde auf der ganzen Welt. Überall schätzte man seine offene Art im Umgang mit Menschen, seine Fachkompetenz und sein Streben, stets Dazuzulernen und Neues aufnehmen zu wollen. Er hielt Workshops und Schulungen weit über die eigenen Landesgrenzen hinaus. Nach Japan und Taiwan wurde er mehrmals im Jahr eingeladen und schulte hier ein großes, interessiertes Floristenpublikum.

Schon längst hatte er seinen Plan, das elterliche Blumengeschäft in Minden zu übernehmen, aufgeschoben. Die Eltern, selbst noch jung und rüstig, unterstützten ihn bei seinem Vorhaben, als floristischer Berater und Produktentwickler in einem namhaften Unternehmen der Zulieferindustrie tätig zu werden. Diese Aufgabe kam seinem Können und Gespür, Zeitgeist und Trends frühzeitig

Klaus Wagener

wahrzunehmen und in Design einfließen zu lassen, entgegen. Konzeptionelles, strukturiertes und auf den floristischen Verbraucher gerichtetes Vorgehen, Teamarbeit und der Austausch mit Designern, Marketingexperten und Kaufleuten eröffneten ihm ungeahnte, neue Horizonte.

In diesem Pool von gedanklicher und gestalterischer Auseinandersetzung und der Gemeinschaft von Kreativen der verschiedensten Fachsparten entstand die Idee zu einem ganz neuen Tätigkeitsbereich. Er gründete 1994 zusammen mit drei Partnern eine auf die Floristik spezialisierte Marketingagentur. Diese versteht sich als Dienstleister für den floristischen Berufsstand und eröffnet mit marktgerechten Verkaufs- und Servicekonzepten den Blumengeschäftsinhabern neue Perspektiven für zeitgemäßes Verkaufen. Hier bringt Klaus Wagener die vielfältigen Erfahrungen der letzten Jahre ein und führt seine Seminartätigkeit im In- und Ausland fort. Neben einer umfangreichen Palette anderer Tätigkeiten und Aktivitäten entstehen in diesem Team unter der Bezeichnung 'profil floral' bedeutende Fachmedien für die Branche – Bücher, Magazine und Videos, deren floristischer Leiter Klaus Wagener ist.

Dieses eigene floristische Unternehmen der besonderen Art ist nur die konsequente Fortführung dessen, was als kraftvoller Keim in Klaus Wagener von jeher schlummerte. Er kennt keinen Stillstand. Sein stetes Streben, über sich hinaus zu schaffen, ist ihm Motor für stets neue Projekte. Aufgrund einer Fülle interessanter und vielfältiger Aufgaben kommt zu seinem Leidwesen das eigene handwerklich-kreative Gestalten mit Blumen am Bindetisch fast zu kurz. Dennoch schöpft er gerade hieraus immer wieder Kraft und Ideen für Neues.

Der Blick für die Schönheiten der Blumen ist ihm bei all dem Erfolg und der Arbeit der letzten Jahre nicht abhanden gekommen. Besonders seine engsten Vertrauten, wie seine Frau und seine beiden Kinder, wissen, daß ihm das Einbeziehen anderer Menschen und das Teilhabenlassen an der Freude über die kleinen, unscheinbaren Schönheiten am Wegesrand die größte Beglückung und Erfüllung sind. Seine floristischen Mitarbeiter, selbst erfolgreiche und qualifizierte Floraldesigner, schätzen seine objektive, gerechte Anleitung im kollegialen Team. Dem jungen Berufsnachwuchs ist jetzt Klaus Wagener Mentor und Lehrer, so wie es seinerzeit für ihn der Friesdorfer Meisterschullehrer Hermann Bömeke war. Im ehrenden Angedenken an diese herausragende Persönlichkeit hat Klaus Wagener so manche Teile dieses Buches gestaltet.

Mit "Klaus Wagener – Floral Design." stellt er sein erstes persönliches Floristikbuch vor. Es schlägt die Brücke zu seinen und den tatsächlichen Wurzeln. Denn der Mittelpunkt seines beruflichen Lebens und das, was ihm fast zu einer Lebensphilosophie geworden ist, ist und bleibt die Blume.

Ursula und Harald Wagener, Eltern

Unserem Sohn Klaus Wagener wurden viele Dinge mit in die Wiege gelegt. Die Liebe zur Natur und den Tieren, insbesondere Pflanzen und Blumen hatten es ihm angetan. Er pflegte lange Spaziergänge durch Wald, Wiesen und Felder zu unternehmen, um immer etwas Interessantes mit nach Hause zu bringen. So entwickelten sich im Laufe der Zeit die Grundfeste zu seinem späteren Beruf Florist, den er im elterlichen Betrieb ausübte. Sein Fleiß, seine künstlerische Begabung, immer etwas Neues zu kreieren, ermöglichten es ihm, an vielen Wettkämpfen und beruflichen Leistungsvergleichen teilzunehmen. Die Krönung seiner Laufbahn war dann schließlich der Sieg der Weltmeisterschaft in Amerika 1985. Ein wichtiger Meilenstein war erreicht und stellte unseren Sohn vor neue Herausforderungen dieses Berufes. Er merkte, Ziele werden erreichbar, wenn man nur ausdauernd und kreativ genug für sie arbeitet.
So paßt auch dieses Buch "Klaus Wagener – Floral Design." in die Reihe seiner selbst gestellten Aufgaben und Herausforderungen.
Für sein weiteres Schaffen wünschen wir ihm viel Glück, Erfolg, Zufriedenheit und natürlich die nötige Gesundheit.

Bernhild Wagener, Ehefrau

Die Welt ist übersät mit Schönem,
die Kunst besteht nur darin, es zu sehen,
ein Auge dafür zu haben.
Das wünsche ich Dir,
daß es Dir immer wieder aufs Neue gelingt
es sichtbar und bewußt zu machen.
Für Dich, für mich, für uns alle.

Norbert Knapp 'profil floral'-Partner

Am Anfang stand, wie so oft, nur eine Idee. Ohne scharfe Konturen und Umrisse. Nur besser, nützlicher und aufregender als all das, was es bislang gab, sollte es werden. Ob aus einer solchen unternehmerischen Vision Realität wird, hängt fast immer davon ab, andere Menschen zu finden, die bereit sind, sich mit Kompetenz, Leidenschaft und unbändiger Energie diesem einen Ziel zu verschreiben. Auch in Klaus Wagener habe ich diesen Menschen gefunden. Sein unermüdlicher Einsatz, sein großes floristisches Können und sein ausgeprägter Teamgeist, verbunden mit einer natürlichen Bescheidenheit, haben aus 'profil floral' das werden lassen, was es heute ist. Dafür möchte ich mich bedanken. Nicht nur bei einem Partner, vor allem auch bei einem Freund.

Gert Mertens, Weltmeister-Partner

Ich lernte ihn als jungen Kollegen kennen. Und er wurde mein Freund.

Ursula Wegener, Florist-Kollegin und bewundertes Vorbild von Klaus Wagener

Klaus Wagener besitzt die eher seltene Fähigkeit, ästhetischen Anspruch, Designqualitäten und das Empfinden für pflanzliche Schönheit zu verbinden. Seine eigene Sicht- und Arbeitsweise reicht von der Bewunderung alles Lebendigem bis zum effektiven, dennoch stilvollen business – ein weites Feld und eine bewunderungswürdige Mischung!

Johannes Vahnenbruck, Mentor bei der berufsständischen Arbeit

Klaus Wagener ist einer der begnadetsten Floraldesigner. Sein umfangreiches Wissen und Können gibt er in diesem Buch an uns weiter. Zielstrebig hat er seine fachliche Entwicklung bereits als Jungflorist in die Hand genommen. Ich selbst habe ihn in meiner Eigenschaft als Vorsitzender der entsprechenden berufsständischen Landesvertretung begleiten dürfen und seine Erfolge bis hin zur Gründung eines eigenen Unternehmens verfolgt. Dazu zählen die Gewinne bei regionalen und nationalen Berufswettkämpfen, seine Floristmeisterprüfung, die er als Jahrgangsbester mit Auszeichnung absolvierte, und – als seinen größten Erfolg – der Gewinn der Weltmeisterschaft im Jahre 1985.
In diesem Buch sehe ich den vorläufigen Höhepunkt seiner steilen Karriere. Uns Floristen wünsche ich den Genuß seiner ausgezeichneten Darstellungen als Anregung und zur Freude. Klaus Wagener wünsche ich Glück und Erfolg auf seinem weiteren beruflichen und persönlichen Lebensweg.

Klassische Erfahrung

Die Klassik ist eine der grundlegenden Pfeiler für Gestaltung und Design sowie für das kreative Arbeiten mit Blumen und Pflanzen. Von Beginn seiner floristischen Laufbahn an hat sich Klaus Wagener intensiv mit dieser Epoche beschäftigt. Nach wie vor faszinierend ist für ihn die Bandbreite der Stimmungen, die sich mit klassischen Ausdrucksformen verbindet. Vom frisch-kühlen, leicht distanziert wirkenden Nordischen bis hin zu einer warmen, schwerlastigen Sinnlichkeit, die typisch für eine südländische Mentalität ist, lassen sich viele Inszenierungen klassisch interpretieren. Gleichermaßen als verbindende Klammer setzt Klaus Wagener als Basis aller klassisch inspirierten Floralgestaltungen geometrische Grundformen wie Kreis, Pyramide, Kranz oder Rechteck ein.

Eleganz

Opulenz

Ewigkeit

Traumwelt

Klassische Erfahrung

Eleganz

Der Stil und die Stimmung der Gustavianischen Zeit, so wie sich diese im 18. Jahrhundert in Schweden darstellte, inspirieren zu einer klassischen Frühlingsinszenierung. Klare Linien und verschnörkelte Details, ein Spiel mit Licht und Schatten und ein unkonventionelles Nebeneinander der verschiedenen Weißnuancierungen, so ist die Interpretation des nordischen Lebensgefühls. Die hell und freundlich wirkende Darstellung mixt Modernes mit Klassischem, Einfaches mit Ziseliertem. Elegante Tischrequisiten sind eine Hommage an die vielgerühmte nordische Gastfreundschaft. Reine Farben und der unbeschwerte Umgang mit klassisch angehauchten Formen erinnert an die schlichte Poesie aus der Zeit Gustav des Dritten.

Der Kranz ist das immer wiederkehrende Element der nordisch inspirierten Klassik. Bereits in der Antike war er eine wichtige Form. Auf Terrinen, Tellern oder Schalen nimmt er dem feinen, hochherrschaftlichen Tafelgeschirr nichts von seiner traditionsbeladenen Wirkung. Dennoch setzen die Kränzchen formale Schmuckakzente. Frühlingshafte Symbole fügen sich harmonisch ein. Zwiebeln oder Ei – das Leben in sich bergend –, die porzellanhaft wirkenden Blüten von Eucharis und Maiglöckchen sowie Ornamentales im kalkigen Weißbereich stehen für die Reinheit und die Klassik in ihrer neuen Interpretation.

Büste, Amphore, Becher, Schalen sowie Silber und Stuck, das sind die Attribute und Materialien der damaligen Zeit. Der Gustavianische Stil des späten 18. Jahrhunderts mit seiner ländlich geprägten Noblesse klingt noch heute im schwedischen Landhausstil an. Dieser findet sich eingebettet in scheinbar unberührter Natur. Wuchshaft, mit knospenden und treibenden Zweigen oder Zwiebeln des Frühlings sowie vielen Grünanteilen präsentiert sich deshalb die Floralgestaltung. Ein Tischschmuck, der an einen kleinen Phantasiegarten erinnert.

Clorophytum comosum, Convallaria majalis, Eustoma grandiflora, Hedera helix ´Gloire de Marengo´, Narcissus tazetta, Ranunculus asiaticus, Viburnum opulus ´Sterile´.

Ein Stilleben mit Blumen, das sich auch auf dem Buffet eines herrschaftlichen Hauses finden könnte. Vornehmlich Zwiebelgewächse bestimmen die Floristik. Porzellangefäße harmonisieren durch ihr reines Weiß. Von der Blüte bis zum optisch zart anmutenden Blattwerk strahlt alles Leichtigkeit und Transparenz aus – die Heiterkeit des klaren nordischen Frühlingslichtes in sich tragend.

Allium mollis,
Asparagus pyramidalis,
Hippeastrum-Hybride,
Lilium longiflorum,
Moluccella laevis,
Muscari armeniacum,
Ornithogalum arabicum,
Polianthes tuberosa,
Ranunculus asiaticus,
Rosa-Hybride, Viburnum
opulus 'Sterile'.

Immer wieder sind es die Reinheit und Einfachheit, die dem Nordischen auf eine sympathische Art anhaften. Auch in der Floristik werden diese Anmutungen durch Hellblütiges und Unaufdringliches unterstrichen. In reizvollem Kontrast hierzu stehen Zeugen der jahrhundertelangen Historie und Monarchie im Norden. Mit Ranken, gewundenen Kränzchen und wie selbstverständlich Arrangiertem scheint sich das Heute und die Natur unbeschwert der Vergangenheit zu bemächtigen.

Amaranthus caudatus, Artischocke, Calocephalus brownii, Gypsophila, Humulus lupulus, Viola-Wittrockiana-Hybriden.

Klassische Erfahrung

Opulenz

Die Orte phantasievoller Kinderträume, genährt aus den Erzählungen und Romanen von Weltenbummlern, Aussteigern und Grenzgängern, sind die Quelle für ein mystisch wirkendes, schwer und sinnlich lastiges Klassikthema. Die Basare mit ihrem multikulturellen Mix, dem bunten Angebot und ihrem pulsierenden Leben, die prachtvollen Paläste der Scheichs mit Arabesken, bunten Fliesen und kunstvollen Mosaiken, schattige Innenhöfe, dunkle Katakomben oder verwunschene Kaskaden im maurischen Baustil, inspirieren zu einer opulenten Darstellung. Dort, wo sich die verschiedenen Jahrhunderte begegnen, wo Raum und Zeit, Kulturen und Völker in bunter Eintracht nebeneinander existieren, unterstreicht der ungehemmte Mix intensiver Farben das Geheimnisvolle dieser Welt. Hell-Dunkel-Effekte bringen gleichzeitig Dramatik, Fruchtiges die laszive, schwermütige Sinnlichkeit.

Mosaike, wie sie sich bereits in der antiken Klassik fanden, kehren im maurisch inspirierten Thema wieder. Dickfleischige Sukkulenten bringen ungewöhnliche, fast geheimnisvolle Effekte. Ob Pflanzen mit ihrem sonderbaren Aussehen oder die Gefäße mit ihren ausdrucksstarken Formen und Materialkombinationen – alles scheint Charakter und ein eigenes Gesicht zu haben. Ornamente aus unzähligen Steinchen in immer wiederkehrenden Musterungen zeugen von Jahrtausende alter Tradition. Fliesen mit ihrer Farbenvielfalt und den naturgegebenen Craquelésprüngen tragen ebenso die fremden Reize in sich wie Amphoren, Schalen, Krüge oder Pokale. Alles steckt voller Überraschungen und Phantasie.

Arum, Asclepias
fruticosa, Asparagus,
Dahlia-Hybride,
Eremurus stenophyllus,
Hosta sieboldiana,
Hosta undulata,
Taraxacum officinale,
Zantedeschia
aethiopica.

Orient, der uralte Traum von einer fremdartigen Welt, erwacht in hochstelzigen Leuchtern. Angelaufenes und berostetes Metall trägt die Spuren Generationen überlieferter Handwerkskunst. Im verhaltenen Glanz der Gefäße spiegeln sich zaghaft die Jahrhunderte. Die Endstation Sehnsucht scheint ein Paradies der Gelassenheit zu sein. Selbst das Blütenarrangement hat etwas Immerwährendes. Es strahlt Ruhe und Schon-immer-Dagewesenes aus. Vergangenheit und Gegenwart begegnen sich auch in der Zusammenstellung der Pflanzen. Ein klassisches Bild, das damals wie heute Bestand hat.

Ruhend und lagernd, so wirken die großen Keramiken und schweren Steingefäße. Filigrane Metalltische mit bunter Mosaikfläche zeugen von gediegener Schmiedekunst. Tröge aus Terrazzo, ein modernes wie traditionsreiches Material, nehmen den Blütenschmuck auf. Auch dieser führt durch seine spiralförmige Verarbeitung das In-sich-Ruhende der Gesamtform weiter.

Acer platanoides,
Amaranthus caudatus,
Gloriosa superba,
Hedera helix,
Hypericum calycinum,
Rosa rugosa,
Theobroma cacao,
Leucadendron
platyspermum,
Myrtus communis.

Klassische Erfahrung

Ewigkeit

Der schwere und eher dunkle Aspekt einer vergangenen Zeit inspirierte zu dem herbstlichen Thema. Das Geheimnisvolle, Weitläufige und Düstere alter Ritterburgen, verwunschener Schlösser und jahrhundertealter Gemäuer ist die Kulisse für ein ganz besonderes Stimmungsbild.
Wo vielleicht früher Herren und Landsknechte in fackelerleuchteten Gewölben wilde Gelage abhielten, bemächtigt sich jetzt ein kalter Luftzug und der Widerhall der eigenen Schritte der klösterlichen Schlichtheit. Nur die Wände mit den Spuren einer lange zurückliegenden Geschichte scheinen erzählen zu wollen. Mit dem durch die geöffnete Tür einfallenden Licht kehren Jahrhunderte zurück.
Ein Zeitsprung, in dem das Lebendige und Farbenfrohe der Blumen und Blätter die Verbindung vom Jetzt mit einer mystischen Vergangenheit bedeutet.

Konstruierte Formen, aber auch ganz natürlich Wirkendes steht hier im einträchtigen Nebeneinander; frisch Blühendes mit Vergangenem. Neben ausdrucksstarken Frucht- und Blattformen voller Charakter und Wehrhaftigkeit wirkt Zartgliedriges nur wie ein Hauch. Alles scheint wie für die Ewigkeit gemacht.

Pflanzenklassiker ohne Alter. Ihr skurriles Aussehen und ihre zum Teil dickfleischigen Pflanzenteile lassen das Gefühl für die Zeiten schwinden. Wie ein Alchemist vergangener Zeit scheint der Floralgestalter sie aus einer anderen Epoche geholt zu haben. Schwere, metallbeschlagene Gefäße sind die Zeitzeugen. Und irgendwo liegt eine kleine, geheimnisvolle Kostbarkeit verborgen.

Alocasia,
Aloe arborescens,
Aruncus dioicus,
Asparagus,
Cucurbita pepo,
Echinops ritro,
Ligustrum vulgare.

Eine fast blattlose, strauchige Pflanze und die im Überschwang blühende Bougainvillea bemächtigen sich einer klassizistischen Gefäßform. Fast befremdlich mutet die Kombination von Tiefschwarzem und heller Leichtigkeit an. Immer wieder ist die Natur diejenige, die die Brücke zwischen Raum und Zeit schlägt. Wo früher streng in Form geschnittenes Gehölz den Schmuck der schweren Amphoren bildete, erobert sich jetzt das freie Bewegungsspiel des Pflanzlichen seinen Raum.

Bougainvillea glabra,
Corokia cotoneaster.

Leichtigkeit und Schwere. In Form gebrachte Natur und natürliche Wuchshaftigkeit. Widersprüche, die sich hier in einer Zeitklammer wiederfinden. Die klassisch-schlichten, geometrischen Gefäße als Zeitzeugen einer zurückliegenden Epoche machen das wechselhafte Spiel mit Leichtigkeit mit. Sie kennen kein Zeitreglement, denn als Grenzgänger zwischen den Welten sind sie die Säulen der Beständigkeit.

Amaranthus caudatus, Brassica, Clematis vitalba, Foeniculum, Hydrangea arborescens, Plectranthus coleoides, Tilia cordata, Verbascum densiflorum, Viburnum rhytidophyllum.

Klassische
Erfahrung

Traumwelt

Ein Wintermärchen wird erzählt. Assoziationen an eine kalte Welt – voller Eiskristalle – werden wachgerufen. Weiß ist nicht gleich Weiß, das wird in dem variantenreichen Spektrum dieser winterlichen Farbe deutlich. Strenge Formen, die sich in filigrane, kristalline Strukturen auflösen, und extreme Proportionierungen, die Leichtigkeit und Eleganz ausstrahlen, lassen irreale und fast träumerisch-distanziert wirkende Bilder entstehen. Ein Hauch von Silber und lichtem Beige schafft die Brücke zu natürlichen Materialien, bei denen die frische, lebendige Farbe des aktiven Wachsens gewichen ist. Alles wirkt wie erstarrt, ohne den Bezug zum Hier und Jetzt. Eine Stimmung, wie im Eispalast der Schneeprinzessin.

Eine Kostbarkeit in der winterlichen Szenerie: die Christrose. Die Zerbrechlichkeit ihrer porzellanartigen Blüten kokettiert mit den glitzernden Eisblüten. Wo der Frost nicht mehr seinen erstarrenden Mantel übergelegt hat, regt sich schüchtern und schlicht blumiges Leben. Im Kontrast hierzu die spröden, wintertrockenen Gräser, die noch die erdrückende Last des Schnees zu spüren scheinen.

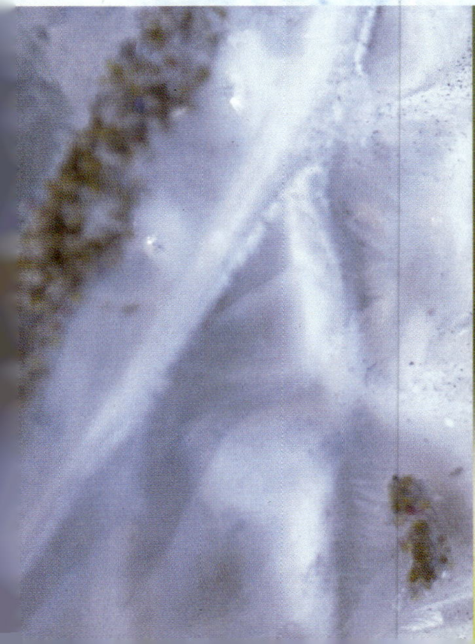

Verwoben, versponnen und eingehüllt. Der winterliche
Kristallpalast füllt sich mit festlichem Glanz.
Die Wachslichter sind aufgesteckt, und ihr helles,
kleines Licht will die Kälte vertreiben.
Kostbare Christbaumkugeln reflektieren den flackernden
Schein, der alles zum Glänzen und Glitzern bringt.

Calocephalus brownii,
Lunaria annua, Senecio
bicolor.

Glas, Metall und Spiegel, dazu Zepterformen, Säulen und schlanke Obelisken. Das sind die Requisiten, die die surreale Anmutung unterstreichen. Objekte auf gestelzten Beinen erinnern an Eiszapfen. Sie können gigantische Größen annehmen und machen unmißverständlich die Macht und Kraft des Winters deutlich.

Betula, Lunaria annua, Rosa-Hybride, Echinops ritro, Salix caprea, Eryngium planum, Eucalyptus, Hydrangea macrophylla.

Helleborus niger, Salix caprea, Hedera helix, Corokia cotoneaster, Chamaerops humilis, Hydrangea aspera var. macrophylla.

Der winterliche Garten, der Kälte und dem Schnee trotzend. Das erste Leben regt sich zwischen Erstarrtem und Erfrorenem. Traumtänzern gleich erheben sich die schlichten, eleganten Christrosenköpfe über blattlosem Geäst. Die Genese des Lebens, die Neues aus Vergehendem entstehen läßt. Alle Jahre wieder.

Natürliche Entwicklung

Nach dem anfänglichen Studium der klassischen Basis floraler Gestaltung und Zeiten des Experimentierens mit üppig Dekorativem bis hin zum klar Konstruierten entdeckte Klaus Wagener die Liebe zum Natürlichen. Die ländlich geprägte Heimat im nordwestlichen Deutschland, wo er seine Kindheit verbrachte und lebt, inspirierte ihn. Darüberhinaus hinterließ auch die Natur anderer Länder, die er während seiner zahlreichen Reisen in alle Welt erleben durfte, bleibenden Eindruck. Die Wiederentdeckung ländlicher Regionen als Ursprung naturgegebener Geborgenheit und Urzelle des Lebens, Wohnens und Arbeitens, fand parallel dazu auch gesellschaftlich Niederschlag in Form neuer, alternativer Lebenskonzepte. Als Gegenpol zur Hektik und Anonymität des urbanen Lebens verbanden sich mit Ländlichkeit auf einmal wieder neue und anzustrebende Wertvorstellungen. Diese Sehnsucht nach Ruhe und Beschaulichkeit, Zuflucht und Besinnlichkeit schwingt mit, wenn Klaus Wagener seine Impressionen von Ländlichkeit und Natürlichkeit floral interpretiert. Es sind Begriffe und Werte, die er verinnerlichte. Aus ihnen schöpft er immer wieder Kraft und Anregungen für weiteres kreatives Tun und Gestalten mit der Natur – zeitlos, raumlos, jedoch nicht haltlos.

Romanze

Lebenslust

Melancholie

Geborgenheit

Natürliche Entwicklung

Romanze

Das letzte Jahrhundert scheint zurückgekehrt zu sein, wenn die prunkvollen Blüten des Country-Garden üppig erblüht ihre Reize entfalten. Überreife und schwerköpfige Blumen lassen ein Bild entstehen, das Stilleben-Charakter hat. Die einfache Inszenierung strahlt Liebreiz und Geborgenheit aus. Alles erinnert an eine zarte Frühlingsromanze. Gleichzeitig schwingt gediegene, englische Gartenkultur mit. Die pastellige Farbigkeit unterstreicht dabei in typischer Weise die dekorative Fülligkeit. Diese femininen Töne, wie das fruchtige Aprikot, ein lichtes Blau, die Bandbreite von Rosé – aufgehellt mit gelblichem Weiß – lassen eine kleine, in sich geschlossene heile Welt entstehen. Die Hektik des Lebens bleibt außen vor.

Üppig besteckte Körbe lassen angesichts der reichhaltigen Blütenfülle das Herz aufgehen! Die Blumen wirken wie eben frisch im Garten gepflückt. Prunkvolle Formen finden sich im trauten Tête-à-Tête mit Krautigem und Lieblichem. Früher schmückten die fröhlich wirkenden Karostoffe die Fenster kleiner Cottages. Jetzt zieren sie Tische und Stuhlkissen und stehen im reizvollen Kontrast zu Kostbarkeiten aus dem über Generationen angesammelten Familienbesitz.
Auch das klassische Element des Kranzes fügt sich harmonisch in die anmutige, ländliche Szenerie.
Ferien auf dem Lande!

Die Vitalität des Cottagegartens inspirierte bereits in Kindertagen zum Winden blütenreicher Kränze. Im Frühling waren es die Ketten aus zusammengesteckten Gänseblümchen. Später boten sich der eidottergelbe Löwenzahn und die reichhaltige Palette der Gartenblumen für die selbstgewundenen Umkränzungen an. Ihnen nachempfunden und inspiriert von dem zarten Frühlingslicht, das durch das Blätterdach der eben ergrünten Bäume fällt, schmücken kranzförmige Tellerarrangements den Gartentisch. Eine frühlingshafte Gartenromanze, an der auch Laura Ashley ihre helle Freude gehabt hätte!

Wie zufällig hineingestellt wirken die Pflanzen in der becherförmigen Vase. Ein Gefäß, das in seiner verwischten Farbigkeit und mit den Alterungseffekten eine sorgsam behütete und über Generationen vererbte Kostbarkeit sein könnte. Nichts sieht wie bewußt gestylt aus. Und dennoch scheint hier die geschulte Hand jede Ranke und jedes Zweiglein an ihren richtigen Platz gerückt zu haben.

Amaranthus caudatus, Astilbe-Arendsii-Hybriden, Ixia-Hybride, Rheum rhaponticum, Malus-Hybriden, Rhododendron-Hybriden, Rosa-Hybride.

Magnolia grandiflora, Magnolia kobus, Rosa-Hybride, Paeonia-Lactiflora-Hybriden, Amaranthus caudatus, Hyacinthus orientalis, Ageratum houstonianum, Astilbe-Arendsii-Hybride, Rhododendron, Hydrangea macrophylla.

Die Gartenbank mit Plaids oder karierten Kuscheldecken – ein typisches Requisit des englischen Cottagegartens. Von hier aus wird das Erwachen und Erblühen der Pflanzen, aber auch das Reifen und wieder In-sich-Zurückziehen beobachtet. Hier wird der Betrachter selbst zu einem Teil der Natur.
Ein Ort der Ruhe und Entspannung, der Kontemplation und des Einswerdens mit dem stillen Wachsen und Gedeihen drumherum.
Eine friedvolle Oase – Gartenidylle.

Natürliche
Entwicklung

Lebenslust

Natürliche Materialien und leuchtende Farben sind das Wesen der Finca-Romantik. Die sonnendurchflutete Ländlichkeit erinnert an Urlaub im warmen Süden. Hier steht Genießen pur im Vordergrund. Und wo der Sommer Stammgast ist, spielt sich das Leben im Freien ab. Am frühen, noch frischen Morgen pulsiert das Leben. Offene Gewölbe und schattige Innenhöfe spenden Kühle in der flimmernden Mittagshitze. Die schwärmerischen und lauen Nächte unter sternenklarem Himmel lassen Raum und Zeit vergessen. Melancholisch, heiter, schlicht und elegant ist die Spannbreite südlich inspirierter Stimmungen. Ein buntes Allerlei an Pflanzen fühlt sich hier wohl, farbenfrohe Blütenpracht verbindet sich mit dem Charme alter Gemäuer. Überall ist die Vergangenheit noch gegenwärtig: In der Patina verwitterter Steine, in den Produkten lebendiger Handwerkskunst, in der traditionellen Küche, die zum Genießen einlädt.

Die Rose in ihrem variantenreichen Farbenspiel und ihrem betörenden Duft inspirierte. Die besondere Form ihrer zur vollsten Pracht erblühten Blüte läßt die ganze Herrlichkeit des südländischen Sommers bewußt werden. Gefäße mit handwerklicher Anmutung, mit Patina und Alterungseffekten unterstreichen Liebenswürdigkeit, sie schaffen Vertrautheit und Nähe. Formschöne Terrakotten und schlichte Keramiken, noch heute in Traditionswerkstätten von Hand gefertigt, sind die passenden Gegenspieler der Rose, die hier ihre klassische Paraderolle spielt.

Klassische Anklänge finden sich immer wieder. Sie werden sogar bewußt in der floralen Dekoration aufgegriffen. Der Kranz dient als schützende und stützende Manschette, auf der der Strauß ruht. Trotz Harmonie und Wertigkeit wäre Perfektion hier fehl am Platze.

Alstroemeria-Hybriden, Calendula officinalis, Chamaelaucium uncinatum, Citrus, Gerbera jamesonii, Hydrangea arborescens, Kniphofia-Hybriden, Leonotis leonurus, Lysimachia vulgaris, Rosa-Hybriden, Rudbeckia hirta, Zantedeschia aethiopica.

Farbenspiel in lauschigen Ecken. Was verbindet sich mehr mit südländischer Lebensart als der genußvolle Müßiggang in schattigen Arkadengängen, im kühlen Atrium und im üppig begrünten Innenhof! Topfgärten gehören einfach dazu. Im zufälligen Miteinander von groß und klein, im unbeschwerten Nebeneinander der warmen, sinnlichen Farben liegt der Reiz der Patio-Romantik.

Acer palmatum, Astilbe-Arendsii-Hybride, Clematis vitalba, Dahlia-Hybride, Driopteris 'Felix-Maas', Hedera helix, Pelargonium-Zonale-Hybriden, Pieris japonica, Rhododendron forrestii, Rosa-Hybride, Saxifraga-Arendsii-Hybriden, Sempervivum.

Verwunschen und wunderbar. Die Pflanzen bemächtigen sich der Vergangenheit und heben Zeitsprünge auf. Respektlos gegenüber der Historie setzen sie sich selbstbewußt in Szene. Doch diese Vorwitzigkeit verzeiht man ihnen gerne. Schließlich ist es ihre ungeheure Genügsamkeit, die auch am unwirtlichen Platz ihre ganze Schönheit entfalten läßt.
Das unvergleichliche Charisma der einfachen Blüten und die Leuchtkraft der winzigen Blumen verhilft selbst kargem Gestein und trostlosen Wänden zu neuem Leben.

Gazania-Hybride, Papaver nudicaule, Rhodochiton atrosanguineus, Sempervivum.

Natürliche
Entwicklung

Melancholie

Die endlose Weite eines östlich gelegenen, landwirtschaftlich geprägten Landes bringt das gesamte Farbspektrum der herbstlichen Natur am eindrucksvollsten zum Leuchten. Wenn nach einem arbeitsreichen Jahr sich die Tische unter der Last der Früchte aus Garten und Feld biegen, dann wird mit ausgelassener Freude und genußvollem Feiern Erntedank begangen. Das ist Pußta-Romantik! Blütengirlanden, gewunden aus den üppig blühenden Gartenblumen, markieren den Höhepunkt des ländlichen Tuns und Lebens. Hier spielt die Dahlie jetzt ihre Paraderolle. Ihr Farbenspektrum vom tiefen Burgunderrot bis zum geflammten Gelb-Orange ist so vielfältig wie bei kaum einer anderen Blume.

Alles wirkt unverfälscht, ganz natürlich und so, wie es gerade gewachsen ist. Wer sich der Schönheit der ländlichen Natur hingibt, entdeckt dennoch klare architektonische Grundstrukturen. Ebenmäßigkeit in der glatten Oberfläche einer Frucht, Regelmäßigkeit in der Schuppung des Blütenaufbaus, Stetigkeit in der Anordnung einzelner Blütchen.

Florale Gestaltung greift hier auf, was die Natur vorgibt. Parallel gelegte Halme erinnern an die Garbenbündel auf dem Feld, kuppelförmig mit runden Blüten besteckte Gefäße an den regelmäßigen Aufbau einer Beere. Ein wenig Melancholie schwingt mit, wenn sich der Blick über das weite Feld im Leuchten der Blumen fängt.

Allium cepa, Capsicum, Dahlia-Hybriden, Dendranthema-Grandiflorum-Hybriden, Gomphrena globosa, Malus sylvestris, Rosa canina, Solidaster luteus, Triticum.

Körbe scheinen die Vielfalt der herbstlichen Vegetation bändigen zu wollen. Doch Ranken brechen aus, so wie sie es auch beim Wachsen in freier Natur gewohnt sind. Sie suchen sich ihren Weg und schaffen so ein Bild, das den Charme und Charakter einer kraftvollen und gesunden Flora voll zur Geltung bringt.

Clematis vitalba, Cucurbita pepo, Dahlia-Hybriden, Limonium latifolium, Malus sylvestris, Rosa canina, Rumex rugosus, Physalis alkekengi, Zinnia elegans.

Handgetöpferte Gefäße, grob gezimmerte Ställe und rustikale Körbe. Das sind die Attribute einer Ländlichkeit, die im Herbst ihre ganze Pracht entfaltet hat. Eingesammelte Früchte, trockene Halme und sich färbendes Laub. Alles deutet auf den nahenden Winter hin, vor dem die wärmenden Sonnenstrahlen eines Spätherbsttages noch ein wenig abhalten wollen.

Amaranthus caudatus, Cucurbita pepo, Dahlia-Hybride, Echinacea purpurea, Humulus lupulus.

Natürliche
Entwicklung

Geborgenheit

Wenn's draußen schneit und friert und klirrende Kälte die Scheiben zu immer undurchsichtigeren Gucklöchern macht, dann konzentriert sich das Leben auf die eigenen vier Wände. Gemütliche Mußestunden vor dem flackernden Kamin machen triste Wintertage zu einem ganz eigenen Erlebnis. Der heimische Winter mit Kälte, Regen, Eis und Schnee bleibt außen vor. Und dennoch kann das scheinbar Gegensätzliche von Drinnen und Draußen Anstoß für ein klassisch geprägtes Winterambiente sein. An der Schwelle vom alten zum neuen Jahr, am Übergang einer sich zur Winterruhe zurückziehenden und einer bald wieder zu neuem Leben aufbrechenden Natur, verschwimmen die räumlichen Grenzen. Drinnen regt sich bereits, was bald darauf draußen das Signal zum Aufbruch sein wird: Frühlingsboten. Durch die wohlige Wärme im Zimmer angetrieben, lassen sie eine Vorahnung vom neuen Leben entstehen. Die ersten Blüten als Farbtupfer machen Hoffnung auf das Schwinden des Winters. Doch noch ist es kalt, und die Kerzen deuten das Nahen des Festes am Ende des Jahres an.

Früchte im Winter, von der Zeit mit einem runzeligen Aussehen gezeichnet, verleihen kleinen Stilleben ihren Reiz. Zuckerummantelt und im Zusammenwirken mit anderen Überdauerungsformen erhalten sie eine ganz neue Bestimmung. Auf klassischen Schalen und formschönen Gefäßen verschmilzt alles zu einer harmonischen Einheit, die winterliche Behaglichkeit ausstrahlt. Vorgetriebene Frühjahrsblüher verströmen zaghaft ihren Duft und mischen sich mit dem Aroma der flackernden Wachslichter. Gefäße mit natürlichen Oberflächen unterstreichen ein gemütliches und einfaches Leben hinter frostigen Scheiben.

Crocus-Hybride,
Eranthis hyemalis,
Scilla sibirica, Tulipa
dasystemon.

Crocus-Hybride, Galanthus nivalis, Hydrangea aspera var. macrophylla, Magnolia kobus, Tulipa dasystemon, Viburnum rhytidophyllum.

Im Korb findet sich das Sammelsurium vergehender und anbrechender Natur wieder. Es ist Winter. Und dennoch zeigt sich erstes Erwachen. Wo ein wenig Wärme die unter dichter Laubdecke ruhenden Zwiebeln lockt, recken diese schnell ihre Triebe. Ob drinnen oder draußen – das Beobachten des ersten pflanzlichen Regens ist immer wieder ein beglückendes Erlebnis. Die Vorzeichen des nahenden Frühlings lassen ein Schwinden der dunklen Jahreszeit erahnen.

Crocus-Hybride, Eranthis hyemalis, Scilla sibirica, Tulipa dasystemon.

Kleines winterliches Stilleben voller Sich-Regen und Leben. Der Topfgarten findet sich jetzt gefüllt mit Zwiebel- und Knollengewächsen. Vor dem alten Backsteinbau bringen die sprießenden Pflanzen Farbe in das ländliche Refugium. Sie stören sich nicht daran, daß der Zahn der Zeit hier offensichtlich genagt hat. Denn schon lange hat die alte Remise ihre eigentliche Bestimmung verloren und dient jetzt als Kulisse für die winterliche Szenerie.

Evolution. Ein pflanzliches Kommen und Gehen. Der Lebenszyklus darf sichtbar werden. Neues Leben wächst bereits durch die Reste des Winters. Das große Verbascumblatt ist noch nicht ganz zersetzt, da stößt das andere schon hindurch nach oben. Die frisch aufbrechenden Knospen lassen die Kraft erahnen, die sie dem Erdreich entlocken. Bewußt darf Abgeblühtes hier noch wirken, um dem Ganzen die natürliche Anmutung zu geben.

Crocus-Hybride, Eranthis hyemalis, Narcissus tazetta ssp. tazetta, Ornithogalum arabicum, Verbascum thapsus.

Farbiges Bekenntnis

Die Farbe ist eine der wichtigsten Ausdrucksmittel. Geradezu Macht übt sie aus, wenn sie in klarer, reiner Verwendung die Menschen in ihren Bann zieht.
Auch Klaus Wagener läßt sich in den Bann der Farbe ziehen. Durch sie bedient er sich einer gestalterischen Sprache, die neue Dimensionen im Umgang mit Floralem eröffnet. Galt bislang die gekonnte szenische Blumenkomposition im richtigen Farbmengenverhältnis als das höchste gestalterische Können, so erscheint es ihm jetzt wichtig, nicht den pflanzlichen Werkstoff, sondern alleinig dessen Farbe in den Vordergrund zu stellen. Dadurch entstehen Bilder, die sich weit über die Grundlehre des Pflanzengestalters hinaus begeben. Die Fokussierung auf die Farbaussage erlaubt die Auflösung standortspezifischer Bezüge der Pflanzen. So wird eine wertvolle exotische Pflanze plötzlich einer unbedeutenden Feldblume in derselben Blütenfarbe gleichgestellt oder gar untergeordnet.
Farbe monochrom - ein Thema, das Klaus Wagener trefflich inszeniert.

Wachstum

Liebe

Reife

Ruhe

Farbiges
Bekenntnis

Wachstum

Natur. Wachstum. Frühling. Grün ist die Farbe des Lebendigen, der Harmonie alles Natürlichen und des noch jungen Lebens. Anregend ist die frische Stimmung im Mai, in der die Natur ihr eben ergrüntes Blattwerk präsentiert. Alles steht noch im vollen Saft des Gedeihens. Geballte Lebensenergie und runde Formen, die die Kraft des Wachsens noch in sich tragen, sind hier die typischen Gestaltungsmittel.

Grünes Allerlei, Gras, frische austreibende Blätter, knackig wirkende Stiele und Stengel, Krautiges und saftige Früchte. Das repräsentiert die Farbe Grün. Die Stimmung ist ländlich, fast lieb und brav. Der Blick wird konzentriert auf Details und geschärft für das scheinbar tausendfach Bekannte. Wo die Monotonie der Farbe der Gleichmacher ist, müssen lebhafte Strukturen und auffällige Texturen die Abwechslung bringen. Formen, Anordnungen und selbst Winkel spielen jetzt eine wichtige Rolle.

Rhipsalis baccifera,
Scirpus cernuus,
Senecio herreanus.

Gleichförmigkeit macht Unterschiede deutlich, Monotonie in der Farbe macht sensibel für die kleinste Abweichung. Wo mit demselben Pinsel aus einem Farbtopf gemalt wurde, werden kleinste Nuancierungen bereits zu einer anderen Farbe. Hier erweitert Gelb das Grünspektrum und verleiht der Gefäßreihung auf schlankem Fuße ihre eigenwillige Note.

Die Beschränkung auf einen Farbton lenkt den Blick auf die Anordnung. Reihung, Gruppierung, Chaos. Oder: strenge Ordnung, lockere Ordnung und das Durcheinander. Immer Gleiches, immer anders. Aus dem Spannungsfeld der Möglichkeiten heraus entsteht neue Kreativität.

Brassica napus, Cyperus albostriatus, Hosta fortunei ´Aurea´, Malus-Hybriden ´Granny´, Selaginella apoda, Viburnum opulus ´Sterile´.

Farbiges
Bekenntnis

Liebe

Rot, die Farbe der Liebe. Sie steht für einen dynamischen Lebensabschnitt, voller Unternehmenskraft und Energie. Provokativ, erotisch, kitzelig und elektrisierend wirkt sie. Besonders in einer ungewöhnlichen Kombination mit naheliegenden Changierungen, wie Lila und Pink, ist Rot aufreizend. Für den einen kitschig, für den anderen bissig, mal beherrschend, mal ganz schwach. Das Spektrum dieser Farbe ist so vielschichtig wie die Empfindungen und Reaktionen auf ihre Wirkung.

Wenn die Farbe harmonisiert, ist auch Gegensätzliches nebeneinander denkbar. Rundes und Weiches findet sich in unmittelbarer Nachbarschaft mit Spießigem und Extremem, Gewohntes mit Ungewöhnlichem. Verletzendes steht neben Verletzlichem. Im Kontrast der Dinge liegt der Reiz der Farbe, in der Gegenüberstellung von Material und Pflanze das gekonnte Design. Sinnverwandtschaften werden außer Kraft gesetzt, es zählt allein die Klassifizierung über die Farbe.

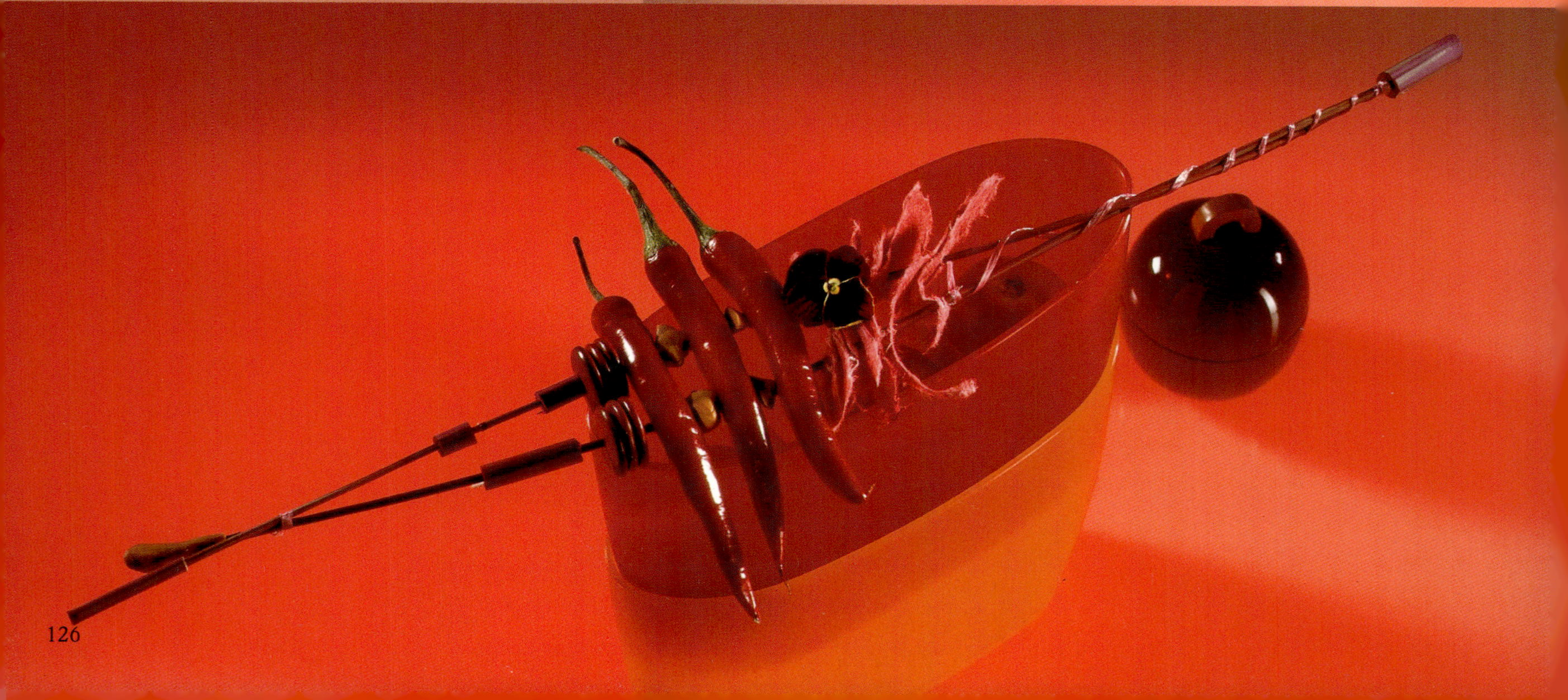

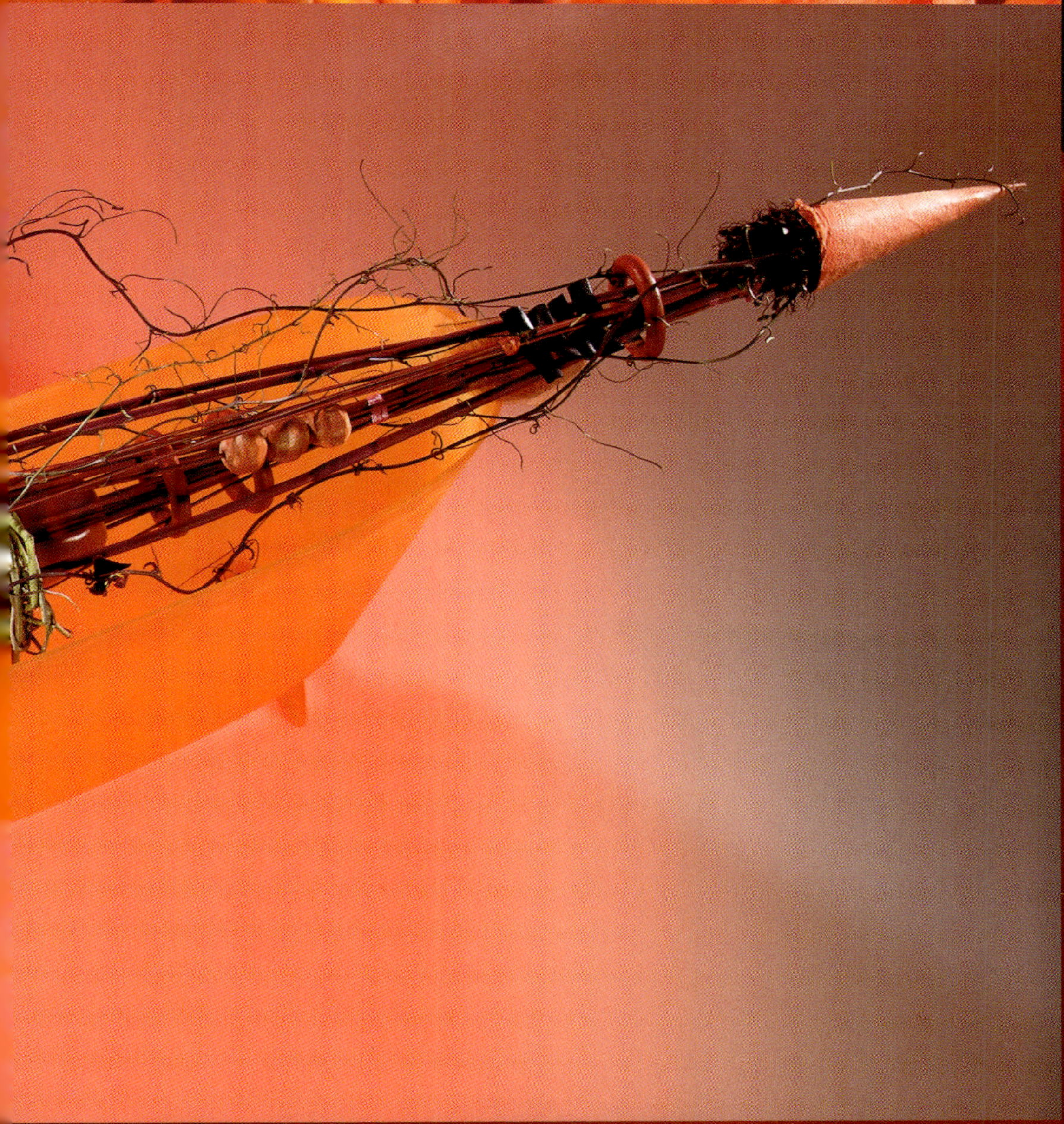

Ein zentraler dunkler Ton bändigt die Kraft der Farbe Rot. Die Tiefe bringt Beruhigung und Dimension. Die Provokation durch die Farbe wird hier geschmälert durch die dämpfende Wirkung des pflanzlichen Werkstoffs. Die Assoziation einer ländlichen Herkunft kann und will nicht geleugnet werden. Frucht und Blüte unterstreichen die durch Rot implizierte Sinnlichkeit.

Calendula officinalis, Crocosmia x crocosmiiflora, Dahlia-Hybride, Fallopia aubertii syn. Polygonum aubertii, Fragaria x ananassa, Papaver nudicaule, Zinnia elegans.

Anthurium andraeanum, Capsicum annuum, Cyphomandra betacea, Dahlia-Hybride, Dianthus caryophyllus, Fragaria ananassa, Gerbera jamesonii, Gomphrena globosa, Heliconia lathispatha, Hylocereus triangularis, Malus-Hybride, Rhodochiton atrosanguineus, Ribes rubrum.

Celosia cristata
´Plumosa´,
Dahlia-Hybriden,
Rhodochiton
atrosanguineus,
Rosa-Hybriden,
Zinnia elegans.

Pflanzliches wird zum Träger von Farbe. Rot als die verbindende Klammer der Gestaltung läßt auch konträre Dinge nebeneinander existieren. Im lustvollen Gestalten mit der puren Farbe finden regelmäßige Strukturen, Wiederholungen und gleichförmige Musterungen eine besondere Aufwertung. Im Auf und Ab der Nuancen entsteht ein enges Band der Rotverwandtschaften. Farbrausch – endlos.

Farbiges
Bekenntnis

Reife

Die Zeit ist reif. Der Herbst bringt das leuchtende Obst, die herrlichsten Gemüse, die bunten Blätter und farbenprächtigen Blumen hervor. Jetzt brilliert das Gelb in seinen wärmsten Nuancierungen. Es steht für einen Altersabschnitt, in dem innerliche Reife und Gelassenheit die rastlose Vitalität eines intensiv gelebten Lebens ablöst. Wenn die Natur den Zenit ihrer Wachstumskraft überschritten hat, konzentriert sie ihre Lebensenergie in überdauerungsfähige Formen, wie Früchte und Samen. Ihr letztes herbstliches Erleuchten und farbenprächtiges Aufbäumen versinnbildlicht den Übergang von dem einen in ein anderes Leben, von der Lebendigkeit in die Ruhe eines sich dem Ende nähernden Daseins.

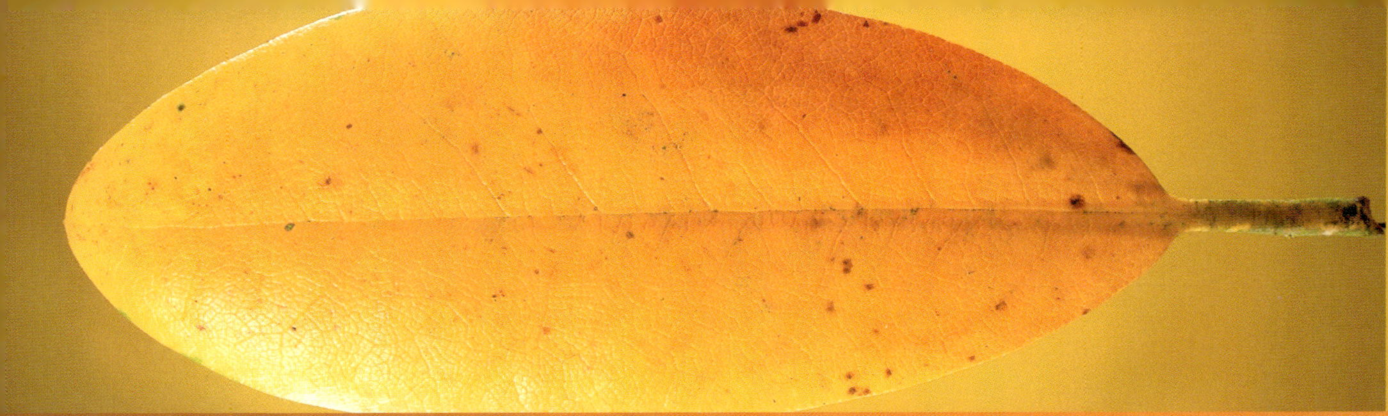

Herbstliche Formen, wie von Designerhand kreiert. Und dennoch war hier die Natur der Meister, der vom Quittegelb bis Bäckchenrot den Farbenpinsel schwang. In den Nuancierungen des gesamten Gelbspektrums, in den Strukturen und Oberflächen der herbstlichen Gaben sieht die dritte Jahreszeit ihre besondere Herausforderung. Die gleichmäßige Körneranordnung beim Mais, die feine Nervatur auf der Blattspreite und die samtigweiche Behaarung der birnenförmigen Quitten sind die zierenden Details im güldenen Herbstkleid der Natur.

Die sammelnden Blütenformen der Korbblütler bzw. Compositen erfahren im Herbst ihren vielbeachteten Auftritt. Ob Sonnenblume mit ihren teilweise gigantischen Dimensionen oder das zarte, kleine Goldhütchen: Ihre klar und sonnig strahlenden Blütenköpfe sind in ihrer Leuchtkraft durch nichts zu überbieten. Als Solisten fühlen sie sich am wohlsten. Allenfalls floral geschmückte Gefäße dürfen ihnen die Referenz erweisen.

Helianthus annuus,
Sanvitalia procumbens.

Wo die Fülle des Herbstes Üppigkeit und Überfluß assoziiert, liegt in der reduzierten Auswahl der Blumen und ihrer erhöhten, überschlanken Präsentation ein besonderer Reiz. Das spielerische Nebeneinander vom Unisono einer einzelnen Blumenart oder dem Vielklang der herbstlichen Gartenvegetation wird durch eine einheitliche Umrißform in seinen Schranken gehalten.

Anethum graveolens,
Antirrhinum majus,
Dendranthema-Grandiflorum-Hybriden,
Helianthus annuus,
Hosta sieboldiana,
Gladiolus-Hybriden,
Matteuccia struthiopteris,
Solidaster luteus,
Zinnia elegans.

Der Herbst, wie man ihn kennt: rund und gülden. Aufgefädelte Fruchtformen markieren die Zeit des Sammelns, Bevorratens und Bewahrens. Was jetzt nicht emsig zusammentragen wird, hilft nicht, die karge Zeit bis zum Neubeginn zu überdauern. Der Abschied vom Sommer mit seinen herbstlichen Früchten und Blüten bildet die Grundlage für das nächste Leben. Der Kreislauf des Lebens – versinnbildlicht im Kranz.

Aesculus hippocastaneum,
Amphiachyris dracunculoides,
Anethum graveolens,
Dactylis glomerata,
Dendranthema-Grandiflorum-Hybriden,
Matteuccia struthiopteris,
Physalis alkekengi.

Farbiges
Bekenntnis

Ruhe

Blau ist die Farbe für einen Lebensabschnitt, in dem die Ruhe und Gelassenheit über erlebtes und gelebtes Leben überwiegt. Blau beinhaltet durchaus eine gewisse Dynamik. Dennoch steht sie für eine Innerlichkeit und Klarheit, die von vielen Menschen als sehr angenehm wahrgenommen wird. Hierin liegt nichts Falsches, sondern vielmehr Reinheit und Weisheit. Im Zusammenspiel mit Pflanzlichem wird Blau hier winterlich interpretiert. Das Farbspektrum des kühlen, klaren Nordlichts beinhaltet die blaue Farbe, Winterlandschaften und die kalte Jahreszeit verbinden sich mit ihr. Dennoch herrscht Blau nicht alleinig vor. So wie der Kerzenschein das Winterlicht erwärmt, gesellt sich die Komplementärfarbe Gelb in Form ihrer vegetativen bräunlichen Ausprägung im Zusammenspiel mit allem Pflanzlichen hinzu. Eine Szenerie, die Assoziationen an die "blaue Stunde" voller Innerlichkeit und Kontemplation weckt.

Wasser, Eis, Schnee, Luft – Transparenz, die sich in Verdichtung und Auflösung findet. Kompaktes und Leichtigkeit, Greifbares und Sich-Verflüchtigendes. Assoziationen, die von Blau interpretiert werden. Die winterlichen Formen von Wasser sind mit Gallert nachempfunden. Je vereinzelter die Darstellung, um so augenfälliger wird das Florale.

Transparenz und Leichtigkeit, Licht und Lampe. Im komplementären Spiel der Farbe Blau findet sich pflanzliches Braun als Ausdruck des Innehaltens und der winterlichen Erstarrung. Jegliches Leben ist gewichen. Einzig der warme Schein der inneren Wachsleuchte erhellt die kalte Winterstimmung.

Echeveria,
Hydrangea macrophylla,
Lunaria annua,
Physalis alkekengi,
Senecio bicolor.

Hut ab! Das Spiel mit überzogenen Proportionen enthebt das Gefäß seiner Normalität. Kompaktes wird extrem, Sachliches verspielt. Die distanziert wirkende kühle Farbgebung steht hier im Widerstreit mit der Gestaltung voller Witz und Sympathie.

Calocephalus brownii,
Echinops ritro,
Eryngium alpinum,
Hydrangea macrophylla,
Lavandula stoechas,
Physalis alkekengi,
Salix caprea.

Die Cinerarie auf dem Laufsteg. Monotonie in der Farbe, in der Präsentation und dem Gefäß. Die gleichförmige Reihung hat eine starke dekorative Ausstrahlung. Doch wo äußerlich Ruhe zur Schau getragen wird, darf's im Detail variationsreich zugehen. So präsentiert sich diesmal die Gefäßoberfläche im Mix von Floralem und Nonfloralem. Spannungsvolle Abwechslung bringen Matt-Glänzend-Kontraste. Die Blume dient als Mittel zum Zweck. Wie die Muse den Künstler, so inszeniert sie hier das Gefäß.

Senecio-Cruentus-Hybride.

Schlichte Leidenschaft

Der Raum ist das entscheidende Kriterium und die eigentliche Rahmenbedingung für das Wirken und Arbeiten des Floristen. Blumige Arrangements als reiner Selbstzweck können immer nur eine aufgesetzte Dekoration darstellen. Sie aber als integrativen Bestandteil des Raumkonzeptes und als feste Größe innerhalb einer Raumarchitektur zu verstehen erfolgt viel zu selten, viel zu selten ist der Floralgestalter gefordert, gegebene Räume zum Maßstab seiner floristischen Kreativität zu machen. Diese aber entsprechend dem vorgegebenen Stil und ihrer Begrenzung als Herausforderung anzunehmen ist die hohe Kunst der Gestaltung. Klaus Wagener ist einer der wenigen Floristen, die gerne diese stilistischen, epochalen und architektonischen Eckpfeiler seines Schaffens berücksichtigen. Im Zurücknehmen der Eigendarstellung zugunsten einer übergeordneten Idee liegt für ihn die Spitze floraler Gestaltungskunst.

Entstehen

Verdichten

Auflösen

Verblassen

Schlichte
Leidenschaft

Entstehen

Innerhalb der freien Natur mit Floralem zu gestalten blieb bisher der künstlerischen Freiheit einzelner vorbehalten. Tatsächlich ist dies jedoch eine interessante Aufgabe für die Floristik; versteht sie sich doch in erster Linie als das Dekorieren und Gestalten mit Pflanzen in einem nonfloralen Rahmen. Als Sinnbild für den Ursprung allen Lebens steht das Ei. Dies ist die Keimzelle. Die Frühlingsnatur wiederum versinnbildlicht immer wieder aufs Neue das Anbrechende im Lebensrhythmus. Beide Symbole werden hier zum Mittelpunkt der Betrachtung. Um innerhalb des natürlichen Umfeldes deutlich die von Menschenhand geformte Natur erkennbar werden zu lassen, bedient sich die Gestaltung der Perversion oder Absurdität. Das Spiel mit der Verfremdung fördert den Bewußtseinsprozeß, der initiiert werden soll. Wie bei der Performance wird der Betrachter selbst zu einem Teil der Darstellung.

Ei, Holz und Zwiebel – Formen voller geballter Lebensenergie und Wachstumskraft – sind die Zeichen für natürliches Entstehen. Ihre inszenierte Darstellung und die Gegenüberstellung von Mono und Masse löst den Erkenntnisprozeß aus. Das ist auch ein Wesen des Frühlings. Beim Ergrünen einer ganzen Wiese entsteht Masse und Lebensfülle. Andererseits macht die Herausstellung einer einzelnen Blume deutlich, wie wertvoll gerade sie ist. Naturnahe Farben wie Grün, Braun, Beige, Grau tragen die Intentionen des Themas weiter. Der noch winterlich-kahle Hintergrund läßt die leuchtenden, frischen Farben des ersten Frühlingssprießens besonders jungfräulich erscheinen.

Die Natur selbst ist immer noch der perfekteste Designer. Ei, Blüte oder Blatt – ihre ästhetischen Formen bedürfen keiner Korrektur. Im strahlenden Naturweiß oder Frischgrün ihrer Farben liegt die Reinheit alles Natürlichen. Alles wirkt unbelastet und unverbraucht, wie am Neubeginn allen Lebens. Dazu das Korbgeflecht als handwerkliche Komponente und Zeugnis der menschlichen Natureroberung. In der ausgewogenen Balance der Einzelbestandteile liegt die Perfektion des Gesamten.

Allium mollis,
Anemone nemorosa,
Fallopia aubertii syn.
Polygonum aubertii,
Ranunculus asiaticus.

Amelanchier lamarckii,
Anemone nemorosa,
Prunus domestica,
Tulipa.

Reizvolles Spiel der Formen und Proportionen. Holz mit seinem vielgestaltigen Auftreten gibt die Anregung zur kontrastreichen Gegenüberstellung. Unverarbeitet und roh wirkt es skurril. Bearbeitet werden die feinästeligen Zeichnungen seiner Maserung und die konzentrischen Kreise des Stammaufbaues sichtbar, die in ihrer Anzahl das Alter des Baumes erkennen lassen.

Schlichte
Leidenschaft

Verdichten

Oft ist es viel schwerer, sachlich gehaltenen, leeren Räumen die passende Floralgestaltung zu geben als überladenen. In der richtigen Dosierung von Mengen, in der Beschränkung der Materialien und in der Reduktion der Farbe muß der korrespondierende Akzent des zusätzlichen Schmucks gewählt werden. Besonders moderne Architektur, die sich Baumaterialien wie Glas, Stein, Stahl und Beton bedient, legt großen Wert auf Ästhetik. Minimalistisch, pur und elegant ist die Wirkung, der auch das hinzugefügte Florale nichts nehmen darf. In der passenden Konsequenz sind deshalb Stein, Wasser und bunte Wiesenblumen die Komponenten, die neben Verdichtetem die Transparenz und Leichtigkeit bringen. Alles wirkt hier gebaut und bewußt konstruiert. Das Design ist kubistisch und statisch. Die Blüten sind die einzigen spielerischen Momente in der sachlich gehaltenen und von Licht durchfluteten Räumlichkeit.

Kontrast der Materialien Glas und Stein. Hartes in der Gegenüberstellung von Zerbrechlichem übt ungewohnten Reiz aus. Die Transparenz der Gefäße läßt auch Innenliegendes deutlich sichtbar werden. Dabei werden selbst die Blumenstiele in ihrer grafischen Anordnung zum Bestandteil der Gestaltung. Runder, von fließendem Wasser organisch geformter Kiesel, bei dem keiner dem anderen gleicht, behauptet sich vor Einheits-Baustein. Bearbeiteter Basaltquader verbindet sich mit dem Pflanzlichen, das für den Wechsel der Jahreszeiten und einer schnell dahinziehenden Zeit steht.

Domino. Wie eine schützende Decke bedeckt ein zartes Gespinst aus Blumen die dominoartig aufgestellten Betonplatten. Gegensätzliches und die Zusammenstellung von wenig Sinnverwandtem weckt das Interesse des Betrachters. Einfache Wiesenblumen kokettieren in modernem Ambiente mit kantigem, robustem Stein. Das gibt der Blüte eine ganz neue Ausstrahlung. Grenzen zwischen Konventionellem und Avantgardistischem, zwischen Herkömmlichem und Modernem oder Normalem und Ungewohntem werden aufgehoben.

Agapanthus praecox,
Allium moly,
Chamomilla recutita,
Fallopia aubertii syn.
Polygonum aubertii,
Helianthus decapetalus,
Lavandula stoechas,
Leucanthemum vulgare,
Zinnia elegans.

Moderne Architektur bedient sich oft herkömmlicher Ordnungskriterien. Hier überträgt sich Gradlinigkeit, Gruppierung und Systematisierung auf Pflanzliches. Weil die freie Natur nur bedingt solchen architektonischen Regeln folgt, wirkt diese neue Darstellung befremdlich. Die Trennung der Pflanze in ihre Einzelbestandteile Blatt, Blüte, Stengel läßt sie in neuem Licht erscheinen.

Acer platanoides,
Alchemilla mollis,
Caladium-Bicolor-Hybriden,
Codiaeum variegatum,
Epimedium x versicolor,
Fallopia aubertii syn.
Polygonum aubertii,
Gomphrena globosa,
Nigella damascena,
Papaver rhoeas,
Ranunculus auricomus.

Der Mensch als Formengeber. Er komponiert, kreiert und fügt zusammen, was auf natürliche Weise so nie entstehen könnte. Damit lassen sich Gegensätze aufbauen, die im unmittelbaren Miteinander das Besondere der Gestaltung darstellen. Die Frische des Pflanzlichen steht im lebhaften Widerstreit mit der Alterung des Steins. Die Gegenüberstellung von der Leichtigkeit der Blumen zur Schwere des Steins versinnbildlicht Statik und Bewegung, Verdichtung und Auflösung. Architektur im Kleinen, die in dem leicht und transparent wirkenden Gebäude gebaut aus Stahl, Beton, Glas und Stein ihren Widerhall findet.

Alchemilla mollis,
Allium moly,
Gomphrena globosa,
Helenium hoopesii,
Hosta sieboldiana,
Lavandula stoechas,
Lonicera x tellmanniana,
Malva alcea,
Miscanthus sinensis,
Papaver rhoeas,
Polygonum aubertii,
Zinnia elegans.

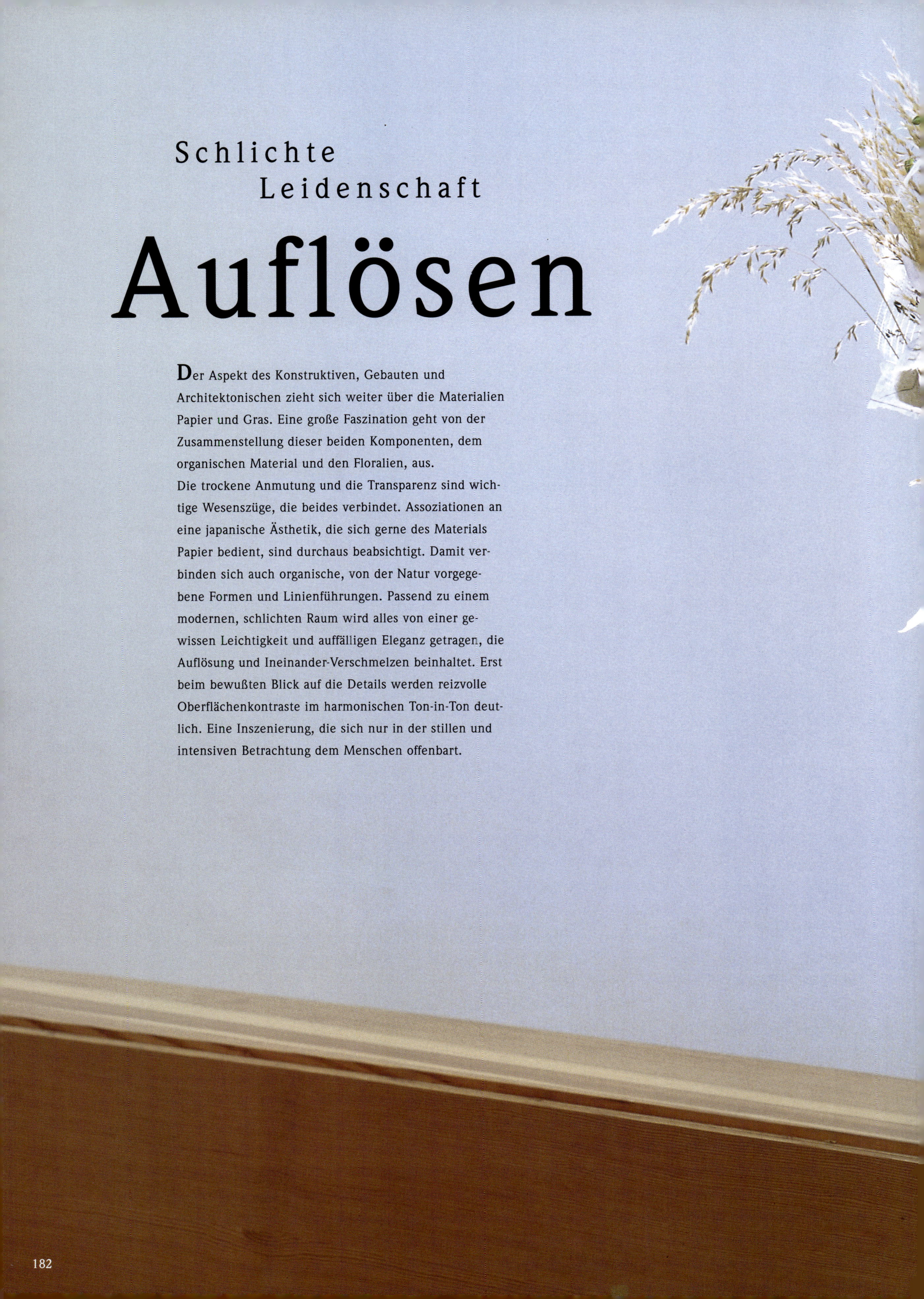

Schlichte
Leidenschaft

Auflösen

Der Aspekt des Konstruktiven, Gebauten und Architektonischen zieht sich weiter über die Materialien Papier und Gras. Eine große Faszination geht von der Zusammenstellung dieser beiden Komponenten, dem organischen Material und den Floralien, aus.
Die trockene Anmutung und die Transparenz sind wichtige Wesenszüge, die beides verbindet. Assoziationen an eine japanische Ästhetik, die sich gerne des Materials Papier bedient, sind durchaus beabsichtigt. Damit verbinden sich auch organische, von der Natur vorgegebene Formen und Linienführungen. Passend zu einem modernen, schlichten Raum wird alles von einer gewissen Leichtigkeit und auffälligen Eleganz getragen, die Auflösung und Ineinander-Verschmelzen beinhaltet. Erst beim bewußten Blick auf die Details werden reizvolle Oberflächenkontraste im harmonischen Ton-in-Ton deutlich. Eine Inszenierung, die sich nur in der stillen und intensiven Betrachtung dem Menschen offenbart.

SUN

Perfektionismus wird in der exakten Anordnung der Halme und Stengel deutlich. Ihre Gradlinigkeit verflüchtigt sich dann in die organischen Formen der Grasähren oder Blattstrukturen. Das harmonische Arrangieren innerhalb einer Farbgruppe, die Auflösung der einen in die andere Form sowie die nahtlosen Übergänge von Gras und Papier passen sich den filigranen und zerbrechlich erscheinenden Bestandteilen an. Alles wirkt wie ein flüchtiger Augenblick, der sich im nächsten Moment schon aufgelöst haben könnte.

Pergamentpapier, wie es Architekten für Skizzen verwenden, wird zum Element der floralen Gestaltung. Wie eine luftige Wolke, durch die Halme, Blüten, Rispen und Stiele hindurchstoßen, geht alles ineinander auf. Gespaltene Bambusstäbe und Holzspießchen tragen die milchig transparente Ebene. Eine Technik, die in Japan schon seit Jahrtausenden praktiziert wird und hier im Kleinen den konstruktiven Aspekt bringt.

Achillea millefolium,
Glyceria maxima,
Hosta sieboldiana,
Lunaria annua,
Thlaspi arvense.

Spiel mit Licht und Schatten, mit Technik und Natur. Die dynamische Bauskulptur des Formen-Virtuosen Frank O. Gehry (Energie-Forum in Bad Oeynhausen) voller kubischer und halbzylindrischer Baukörper, steht im spannungsvollen Einklang mit den collagenartigen Floralobjekten. Den geschwungenen Linien der wie Segel geblähten Wände werden parallele Alustangen entgegengestellt. Scheinbar wie zufällig sind diese wiederum von organischen Elementen durchzogen.

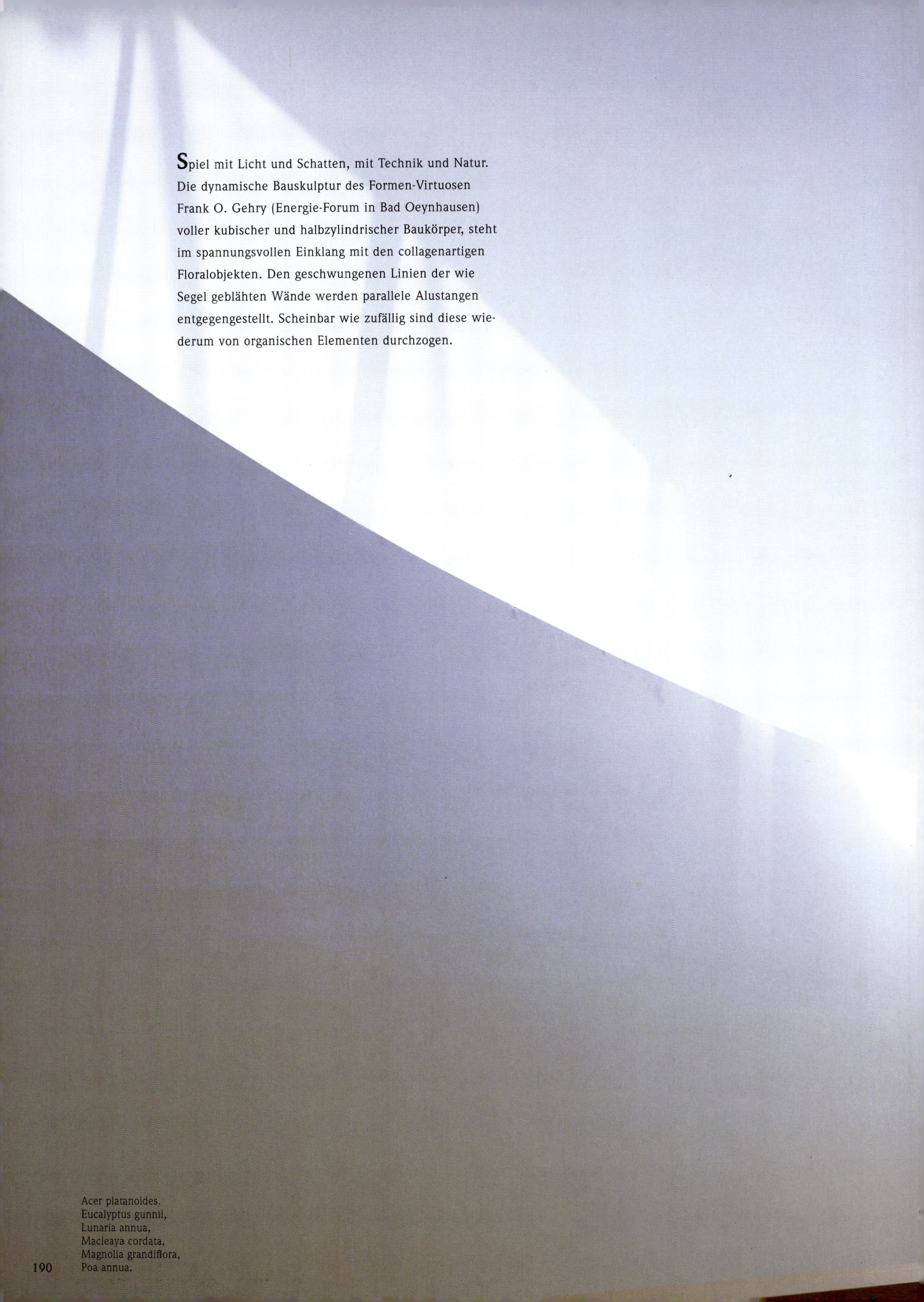

Acer platanoides,
Eucalyptus gunnii,
Lunaria annua,
Macleaya cordata,
Magnolia grandiflora,
Poa annua.

Floristik wird zur Raumkunst. Im Durchweben und dichten Miteinander der verschiedenen Materialien, im Aufeinanderschichten und der kreisförmigen Bewegung lösen sich die Einzelbestandteile zugunsten des Gesamten auf. Hier wird deutlich: In der Reduktion liegt die Kunst, in der Wahl der Materialien die Seele der Dinge.

Craspedia globosa,
Magnolia grandiflora,
Poa annua,
Viburnum
rhytidophyllum.

Schlichte
Leidenschaft

Verblassen

Das Jahr neigt sich dem Ende. Es ist ein winterliches Bild, das auch als ein Sinnbild für die späte Lebensphase stehen könnte. Alles zeigt, daß die Zeit vergangen und der Zenit des pulsierenden, aktiven Lebens lange überschritten ist. Metall und Glas verbinden sich mit winterlichem Geäst, Zweig- und Blattwerk. Die Farben sind nicht mehr frisch und leuchtend, sondern haben die natürliche Trübung angenommen, die alles Organische in der späten Lebensphase ereilt. Doch gerade in diesem Zustand kann neuer Reiz liegen. Den Alterungsprozeß und die Spuren eines langen Lebens anzunehmen, in der Patina müder Farben eine neue gestalterische Herausforderung zu sehen, macht den Charme der winterlichen Inszenierungen aus. Geradezu eine Schönheit kann in dem sichtbar Vergänglichen liegen. Das bewußte Wahrnehmen von Alterungsstrukturen, von Furchen und Rissen, von Eingetrocknetem, Verfallendem und Verblassendem ist in seiner natürlichen und selbstverständlichen Darstellung auch ein Aspekt des Lebens.

DIE ROCKY MOUNTAINS
DER AMAZONAS
DER AUSTRALISCHE BUSCH
DER GRAND CANYON

Konservierung ist eine Technik, um Vergängliches einen Moment lang zu bewahren. In der Natur verbindet sich dies mit Sammeln, Bündeln, Bevorraten, Einlagern, Trocknen, Haltbarmachen. Früchte sind die Alterungsform der Blüte, die als solche vergeht, aus der aber neues Leben erwächst. Im Zusammentragen und Einsammeln von gleichem liegt ein Stück Bewahrenwollen. Diese Aspekte werden gestalterisch durch Konzentration der Formen und Verwenden von Trockenem aufgegriffen. Glas und Metall als Gefäßkomponenten bringen die kalte, winterliche Anmutung.

Pflanzenfragmente, die ihre eigentliche Bestimmung schon längst aufgegeben haben, die funktionslos und nur noch körperlich ihr Dasein fristen, werden zusammengetragen. Von ihrer strengen, geradezu grafisch anmutenden Anordnung geht die Faszination für den Betrachter aus. Das "Wie" wird damit zum Bestimmenden der Gestaltung, das "Was" spielt nur noch eine Nebenrolle.

Betula alba,
Brunia nodiflora,
Calocephalus brownii,
Cladonia stellaris,
Eryngium planum,
Eucalyptus polyanthemos,
Fagus sylvatica,
Salix alba,
Leucadendron argenteum,
Lunaria annua,
Macleaya cordata,
Salix caprea.

Ein Hauch von Zen. In der Konzentration liegt die Kraft, in der Reduktion die Macht. Der Charakter des einzelnen löst sich in der Masse auf und gibt dem Ganzen eine neue Bestimmung. Wirkungen, denen sich die Gestaltung gerne bedient, besonders dort, wo das Wesen des Individuums unscheinbar und blaß ist.

Brahea dulcis,
Brunia albiflora,
Cladonia stellaris,
Eucalyptus gunni,
Lagurus odoratus.

Geradezu stolz und festlich wirken gebündelte Grashalme und silbrig-weiße Blütenformen. Winterliche Pflanzen, die oft gar nicht mehr benutzt und deren Zierwert nicht mehr geachtet werden, erhalten in der gestelzten und gebauten Darstellung eine künstlerische Überhöhung und Verfremdung. Dies eröffnet neue Sichtweisen für Totgeglaubtes, für scheinbar Wertloses und Gealtertes. Es macht deutlich, daß es Farbe nur geben kann, weil es auch Nichtfarben gibt, daß Frische nur existiert, weil vieles auch trocknen kann, und Schönheit ein Aspekt ist, der über alles erhaben ist.

Ceropegia woodii,
Eucalyptus,
Salix caprea,
Senecio bicolor.

Danke

Es ist mir ein Bedürfnis allen, die mir bei der Erstellung dieses Buches geholfen haben, ganz herzlich zu danken.

Meiner *Frau Bernhild* für ihr stetes und liebevolles Verständnis.

Meinen *Eltern*, daß sie mir vieles ermöglicht haben, was mich heute trägt.

Meinen Partnern *Norbert Knapp, Marion Bauer-Thunich und Hella Henckel-Bruckhaus*, ohne die das Buch nicht möglich gewesen wäre.

Meinen floristischen Mitstreitern *Jan-Dirk von Hollen, Stephan Pantze, Frank Pieper, Oliver Storz* und *Mechthild Bennor* für ihre tatkräftige Unterstützung bei der Produktion.

Patrick Pantze, Stephan Röcken und *Jörg Manegold* für die Fotoarbeiten.

Silvia Weichert, Michaela Gageik und *Silke Cremer* für die grafische Konzeption und Gestaltung.

Hella Henckel-Bruckhaus für die Texte.

Und vielen anderen, die mir Pflanzen und Materialien oder Räumlichkeiten für die Produktion zur Verfügung stellten.

Klaus Wagener

Minden im Januar 1998

Für die Überlassung der Foto-Locations danke ich der Stadt Minden (Fort A Minden), Kurverwaltung Bad Oeynhausen (Kurhaus), Elektrizitätswerke Minden-Ravensberg GmbH (Energie-Forum-Innovation Bad Oeynhausen).

Gesamtleitung:	Klaus Wagener, Floristik Marketing Service GmbH (FMS), Ratingen
Text:	Hella Henckel-Bruckhaus – MediaConcept, Ratingen
Grafische Gestaltung:	Silvia Weichert – Grafik-Design, Düsseldorf
Fotografien:	Patrick Pantze Werbefotografie GmbH, Lage

Die Deutsche Bibliothek – CIP-Einheitsaufnahme

Floral Design / Klaus Wagener. – Köln : DuMont, 2000
ISBN 3-7701-5412-6

Originalausgabe

Druck und buchbinderische Verarbeitung: Neue Stalling, Oldenburg

Printed in Germany

ISBN 3-7701-5412-6